PROSPECTUS

D'UN NOUVEAU

COURS THÉORIQUE ET PRATIQUE

DE

MAGNÉTISME ANIMAL,

RÉDUIT

A DES PRINCIPES SIMPLES

DE PHYSIQUE, DE CHYMIE,

ET

DE MÉDECINE.

Dans le quel on démontrera le ſyſtême de M. MESMER, et ſes procédés; on rectifiera quelques unes de ſes erreurs; on analyſera *la cauſe* et le mécaniſme par le quel les différens effets magnétiques ſont produits; on prouvera enfin l'analogie qu'ils ont avec beaucoup d'autres effets naturels, et pourquoi ils ne préſentent rien d'oppoſé aux connaiſſances que nous avions juſqu'ici de l'économie animale.

PAR M. WÜRTZ

Docteur en Médecine de la Faculté de Strasbourg, Membre du Collége des Médecins de la même ville &c. Elève immédiat de M. MESMER.

A STRASBOURG

chez J. G. TREUTTEL, *et les principaux Libraires.*

1787.

DE L'IMPRIMERIE DE F. J. DANNBACH.

Avec Approbation et Permiſſion.

Le grand nombre n'adopte définitivement que ce qui peut lui être avantageux; éclairé par le temps & par l'expérience, il juge sans appel les inventions & les nouveautés, & il fixe le sort de toutes les découvertes.

Rapport des Commissaires.

APPROBATION.

J'ai lu par ordre du Magistrat un manuscrit, ayant pour titre : *Prospectus d'un nouveau Cours théorique et pratique de Magnétisme animal, réduit à des principes simples de Physique, de Chymie et de Médecine etc.*

M. Le Docteur WÜRTZ présente dans cet écrit la pratique du Magnétisme animal, soutenue par une théorie sage et lumineuse, puisée dans des principes de Physique immuables. La solidité de la marche qu'il désigne, et les connaissances médicales, qu'il possède d'ailleurs, ne laissent aucun doute, que l'Auteur ne dépouillera cette Pratique de ce qui a pu en partie la rendre suspecte jusqu'à présent aux yeux des personnes accoutumées à observer avec autant de pénétration que de sévérité.

En remplissant cette tâche honorable, et pénible, le zèle de M. WÜRTZ mérite les plus grands éloges; ses efforts auront droit à la réconnaissance publique, et les ames bienfaisantes trouveront dans ses leçons des moyens plus sûrs, et plus efficaces pour satisfaire les mouvemens nobles, qui les animent. A Strasbourg ce 23. Aoust. 1786.

OSTERTAG. Docteur en Médecine etc.

Vû ENGELMANN, Ammeistre.

LA marche de l'eſprit humain eſt lente; les génies créateurs ſont rares; les préjugés et les fauſſes apparences qui empêchent l'homme de reconnaître la vérité; les difficultés que lui oppoſent ſi ſouvent la mauvaiſe foi et la jalouſie, ſont nombreuſes; l'intrépidité qu'il faut avoir pour vaincre ces obſtacles, eſt peu commune, et il en coûte par conſéquent des ſiecles aux ſciences, pour ſe porter à pas lents vers une certaine élévation, qui, dès qu'elle eſt atteinte, ſemble à la plûpart des hommes n'avoir dû coûter qu'un ſeul pas hardi; pas, que tous les Savans auraient dû faciliter par leurs encouragemens.

La plus grande partie des découvertes, qui ont fait époque dans les faſtes du temps chez les différentes nations, ont prouvé ces assertions : partout mêmes obstacles à vaincre vis-à-vis du vulgaire toujours attaché à la doctrine de ses peres; partout mêmes persécutions de la part de ceux qui se croyoient seuls en droit de connaître et de juger les vérités; et par-tout même difficulté à trouver des hommes assez courageux, pour oser les braver et pour défendre publiquement une vérité sentie, aux dépens de leur réputation, et quelquefois même de tout leur bienêtre civil.

On a remarqué que ces obstacles se sont le plus souvent entassés en raison de la sublimité de la découverte et du mérite des combinaisons nécessaires à leurs inventeurs, tant pour s'en convaincre eux-mêmes, que pour les rendre palpables aux autres.

Cet effet quoique singulier est néanmoins dû à des causes assez ordinaires. Car combien n'y a-t-il pas de ces ésprits inconséquens, qui jugent légerement des vérités, qu'ils n'ont jamais voulu comprendre? combien n'y a-t-il pas d'autres, que l'amour propre empêche d'ajouter foi à des propriétés, qu'ils n'ont pas reconnu les premiers? et, ce qui eſt le plus ordinaire, combien ne trouve-t-on pas enfin d'hommes qui ne veulent reconnaître parmi les effets nouveaux qu'on leur préſente, que ceux qui ſont les plus conformes à leur ſyſtême favori, et à la maniere dont ils ſuppoſent que toute la Nature eſt arrangée?

On ne doit donc plus s'étonner, ſi les GALILÉE, les HARVEY; ſi la méthode de l'inoculation, l'uſage de l'émétique et du quinquina etc. le Magnétiſme animal enfin ont trouvé tant de difficultés, pour percer l'obſcurité des préjugés, et ſubjuguer le fanatiſme de l'ignorance; mais heureuſement la vérité ſe montre à nous ſous des nuances ſi frappantes, qu'elle entraine tôt ou tard tous les ſuffrages: ſa force irréſiſtible nous montre d'autant plus d'activité que les obſtacles qu'elle rencontre ſont puiſſans, et ſon triomphe devient d'autant plus certain, qu'il ſe préſente un plus grand nombre d'ennemis à combattre.

Tel a été tout récemment le ſort du Magnétiſme; de cette découverte admirable, tant par la ſupériorité du génie qu'il fallait pour la développer, que par la délicateſſe du tact et la fineſſe des obſervations, qui en ſont la baſe; qu'enfin par les avantages importans qu'on a lieu d'en eſpérer pour l'humanité entiere.

Si cependant les hommes intelligens et laborieux, qui ſe plaiſent à nous enrichir de découvertes précieuſes, ſont expoſés à tant d'entraves de toutes parts ; s'ils éprouvent des contrariétés, des dégoûts, et des perſécutions des Savans même; c'eſt quelquefois moins la faute de ces derniers, que celle des inventeurs, qui n'ont pas ſuffiſamment démontré leurs découvertes, pour qu'elles préſentaſſent partout l'empreinte de la vérité à ceux qui n'adoptent qu'avec peine les innovations.

Ce fut là le ſort du ſyſtême de M. MESMER.

Transporté ſubitement dans un champ nouveau d'effets naturels, cet homme ingénieux tatonna longtemps pour trouver un point de ralliement avec les ſyſtêmes reçus, mais accablé par l'abondance et la variété des faits qui s'accumulaient ſous ſa main, plus il multipliait ſes expériences, moins il entrevoyait à travers ce caos une théorie claire et lumineufe. Cependant preffé par différentes perfonnes diftinguées de communiquer fes moyens, il craignit qu'en les publiant dèslors, la furprife de la nouveauté n'armat contre lui des corps d'ennemis, dont le pouvoir accrédité par leurs rangs renverferait facilement un édifice chancellant encore; il jugea donc à propos pour faire agréer fa doctrine, de faire précéder par des faits fans nombre, la théorie, fur laquelle il voulait les appuyer.

M. MESMER continua en attendant fes recherches, envoya à plufieurs fociétés de Savans des apperçus de fon fyftême, et perfuadé enfin qu'on ne pouvait plus douter de la réalité, ni de l'éfficacité de fon agent, il céda aux inftances preffantes qu'on lui fit de nouveau, et hafarda une théorie, qui lui parut jetter le plus de lumieres fur la variété des faits.

Mais lorsqu'il fut déja convaincu de l'importance de fa découverte, où puifa-t-il en partie cette théorie pour en rendre une raifon fatisfaifante? Ce furent quelques Auteurs antérieurs à notre fiecle, qui lui en fournirent des idées confufes à la vérité, mais que ſon génie profond développa par ſes propres obſervations : c'eſt cet enſemble qui l'aida à former par la ſuite le ſyſtême étendu, qu'il communiqua à ſes Eleves.

En comparant les différentes opérations de la Nature et l'harmonie de ſes mouvements, avec ce qu'en avaient avancé les Anciens, M. MESMER avait trouvé chez eux un tact moins gâté par les différens ſyſtêmes et un coup d'œil plus ſûr : il crut conſéquemment devoir ſe nourrir de leurs idées, et ſuivre leurs indications. Car ſi nous trouvons chez eux les traces de la plûpart des découvertes modernes, et quelquefois même dans des ſiecles, où les ſciences étaient moins généralement cultivées, et où le nombre des auteurs était infiniment moins conſidérable que de nos jours; c'eſt que les opinions de nos ancêtres n'étaient pas génées par la multitude des façons de voir, ſi ſouvent oppoſées et quelquefois biſarres; le génie ne recevait point d'entraves de la médiocrité; il obtenait librement ſes notions de la premiere main, de la main de la Nature, et maintenant on ne les puiſe pour la plûpart que dans des ſources étrangeres : quelle différence par conſéquent dans le mérite et dans la netteté des idées, dans la juſteſſe des obſervations et dans la vérité des réſultats!

Ce n'eſt que par l'habitude que les facultés de notre entendement ſe renforcent. L'eſprit obſervateur ſurtout ne ſe perfectionne que par l'exercice. En comparant une multitude d'effets naturels, on acquiert de nouvelles idées, on découvre des propriétés inconnues, on englobe les objets d'un ſeul point de vue, et la facilité de les diſcerner avec préciſion porte l'eſprit à des concluſions plus vraies et plus applicables à chacun des effets qu'il avait mis en comparaiſon.

Mais lorsqu'avant d'obſerver on eſt obligé de paſſer les momens les plus précieux de ſa vie à acquérir cette foule de connaiſſances préliminaires qu'on éxige aujourd'hui d'un homme de Lettres et d'un Savant, l'œil affoibli de l'âge avancé, condamne à la médiocrité le talent de l'obſervateur, tandis que c'eſt de ſa ſeule fineſſe et de ſon énergie que l'on doit attendre les grandes découvertes.

Or nos ancêtres ayant eu plus de loiſir à contempler la Nature dans toutes les variétés de ſon jeu, que la plûpart de nos Savans modernes, ils étaient auſſi plus ſouvent à portée de la prendre ſur le fait, et M. MESMER avoit par conſéquent raiſon de ſuivre leurs apperçus.

Si cependant ces mêmes Anciens ont excellé dans l'art d'obſerver, ce n'eſt pourtant pas chez eux qu'il faut ſe flatter de trouver toujours l'explication la plus lumineuſe des phénomenes dont ils ont été frappés. Car quelle eſt la marche de l'eſprit humain pour découvrir les véritables cauſes des effets dont il tâche de ſe rendre raiſon?

Le Savant qui s'applique à approfondir les premiers principes de la Nature, ne peut y parvenir qu'en combinant ſes idées de la même maniere dont l'homme le plus ordinaire juge des objets les plus ſimples, et ſe forme des notions générales de ſes obſervations journalieres; avec la différence, que le premier a beſoin de plus longues méditations, d'un diſcernement plus exquis, d'une circonſpection plus ſcrupuleuſe dans les concluſions, et ſurtout d'un plus grand nombre de faits pour en former un résultat plus généralement vrai; tandis que le second ne juge pour la plûpart qu'au hasard. Mais tous les hommes, soit en jugeant les choses les plus simples, soit en découvrant les vérités les plus importantes, et embrassant pour ainsi dire toute la Nature, sont obligés de suivre absolument la même route.

De part et d'autre on commence par comparer deux effets; on voit ce qu'ils ont de commun, et on s'en forme une idée abstraite; cette idée est appliquée à un troisieme, quatrieme effet pour examiner le rapport qu'ils ont entr'eux, et en tirer un nouveau résultat.... Ici l'esprit médiocre s'arrête presque toujours et asseoit décisivement son jugement; tandis que le Savant peu content de ce résumé partiel, continue et l'adapte de nouveau à un cinquieme, sixieme, septieme etc. effet, pour voir s'il leur est également applicable et pour en tirer chaque fois une conclusion plus générale. C'est ainsi qu'en passant successivement de résultats particuliers à d'autres plus généraux, son ésprit se porte insensiblement à une élevation, de la quelle il peut envisager d'un point de vue beaucoup plus étendu, la cause de quantité de phénomenes dont il n'avait pu se rendre compte sans cette grande variété de comparaisons.

Le bon systême differe par conséquent du mauvais, en ce qu'il est fondé sur un plus grand nombre de faits qu'il embrasse et explique à la fois d'une maniere également satisfaisante, et qu'encore il a acquis plus de finesse, de précision et d'étendue par la quantité des effets comparés, qui s'y trouvent tous concentrés ; tandis que le second ne peut en expliquer que quelques-uns.

Et pouvait-on attendre des Anciens, qui ne possédaient que des sciences imparfaites, dont ils entrevoyaient à peine la cohérence, des vues étendues sur toute la Nature? Que de phénomenes, d'observations et d'expériences, qui de nos jours ont répandu la plus grande lumiere sur la pluralité des effets naturels et en ont expliqué les ressorts, leur étaient inconnues? De ce nombre sont l'électricité, la nouvelle théorie des gaz, le champ immense des découvertes chymiques modernes etc.

La ſuperſtition d'ailleurs qui avait alors tant d'empire ſur les éſprits, et les prétendus miracles, par lesquels des obſervateurs intelligens avaient ſi aiſément pu faſciner les yeux de leurs contemporains, ne prouvaient-ils pas aſſez les bornes étroites de leurs connaiſſances ?

Avec de petits moyens on ne parvient gueres à de grandes choſes et pour démontrer clairement des faits extraordinaires, il faut connaître et ſavoir bien comparer une multitude d'autres faits analogues, car ſouvent on attribue un effet à une cauſe adoptée, que l'on ne peut plus reconnaître dans d'autres phénomenes auxquelles elle devrait également avoir rapport.

C'eſt ainſi que les Anciens, auſſitôt qu'ils obſervaient un nouveau genre de phénomenes, cherchaient dans leurs connaiſſances antérieures, ce qui pouvait leur en fournir la meilleure explication ; mais moins riches que nous ſur les faits, ils ne pouvaient que ſe tourner ſans ceſſe dans un petit cercle de principes particuliers, qui leur ſervaient de baſe dans presque toutes leurs démonſtrations.

Telle fut la maniere de voir dans la quelle M. MESMER a été engagé par la lecture des auteurs antérieurs à son siecle. Sans doute son génie l'a élevé loin audessus d'eux, et il a bien mieux éclairci des vérités, qu'ils n'avaient que confusément entrevû; mais les veilles qu'il a été forcé d'employer pour perfectionner sa découverte, et épier la Nature dans toutes ses différentes opérations, l'a empêché de se familiariser avec plusieurs de nos connaissances modernes, et d'y rapporter par conséquent beaucoup d'effets inexplicables sans elles.

Il en arriva que faute de considérer tous les ressorts de la Nature à la fois, il attribua à un seul d'eux un pouvoir trop étendu; qu'il en fit pour ainsi dire le moteur général de l'Univers, et en dériva entr'autres les effets de l'attraction d'une maniere inadmissible.

Ce fut là qu'échoua en partie M. MESMER, car lorsque la base d'un systême a quelques défauts, en combien d'erreurs n'entraine-t-elle pas? Tel qu'un calculateur, auquel en commençant son calcul, une inexactitude échappe, est entrainé dans une

une fuite d'erreurs fucceffives, dont il ne s'apperçoit qu'en confidérant à la fin fon réfultat monftrueux : le fcrutateur de la Nature qui bâtit avec affurance fur quelques principes erronnés, eft entrainé dans une fuite de conféquences, dont il ne fent la fauffeté, qu'après avoir été égaré au point de ne plus fe reconnaître dans fes inductions.

Et les Savans de nos jours pouvaient-ils fe rendre à un fyftême fondé fur des principes, qui paraiffaient fujets à tant d'objections, et dont les effets n'étaient pas encore bien avérés?

Les premiers apperçus de M. MESMER annoncés fous le titre de propofitions, paraiffaient heurter nos principes reçus; il était donc naturel que des Académiciens ne vouluffent y ajouter foi, qu'après en avoir vu des preuves inconteftables — eh! comment pouvaient-ils croire à l'exiftence d'un Magnétifme animal, tandis qu'on n'avait jamais vu parmi les animaux de la même efpèce, un effet analogue au fer rapproché de l'aimant? le premier y eft attiré avec force et ne faurait en être arraché qu'avec peine, mais ceci arrive-t-il également aux hommes & aux animaux de la même eſpèce lorsqu'ils ſe rencontrent ?

Ce qui étonnait encore davantage, était que M. MESMER annonçait que l'on pouvait impregner de la vertu magnétique toute ſubſtance priſe des trois regnes; comme p. e. de la laine, du papier, de l'eau, du verre &c.; or comme on ſavait que l'on frotterait vainement ces ſubſtances avec un aimant pour leur communiquer une vertu attractive, cette aſſertion de M. MESMER ne pouvait paraître que haſardée, puisqu'il n'avait pas fait connaître la différence qu'il mettoit entre le Magnétiſme animal & minéral. L'Académie de Berlin avait par conſéquent raiſon de ſuſpendre ſon jugement, jusqu'à ce que cet Auteur eut donné des notions plus claires de ſa théorie & qu'il eut enſeigné la maniere de répéter ſes expériences; car pouvait-il exiger de Savans du premier ordre d'être crû ſur ſa ſeule parole?

La fauſſe reſſemblance de ſes prétentions avec celles de quantité d'empiriques, ſoi-diſans poſſeſſeurs d'une médecine universelle, a augmenté de nouveau le défaut de confiance que pouvait inspirer aux Académiciens la réalité de sa découverte, & acheva d'aliéner les esprits, qui ne décident que d'après des faits indubitables.

En effet comment pouvait-on croire à une médecine universelle, après avoir été si souvent abusé par des gens qui prétendaient l'avoir trouvée? comment s'imaginer que la diversité infinie des maux qui affiegent l'humanité, pût être combattue par une même cause & des maladies opposées guéries par le même remède? — Ces reflexions présentaient son système sous un point de vue tellement nouveau, qu'elles empêcherent la plúpart du monde d'adhérer à sa doctrine.

Mais puisque cependant M. MESMER produisait des effets, que personne n'avait pu opérer de nos jours, ne devaient-ils pas au moins prouver en faveur d'une invention, sur laquelle il fallait suspendre son jugement, jusqu'à ce qu'on en ait solidement approfondi les principes?

Plusieurs Savans ont suivi cette maxime de sagesse: ne pouvant encor se rendre compte d'un système alors incompréhensible, ils se ſont bornés à examiner en attendant les expériences faites par M. MESMER lui-même ; mais l'expérience étant elle-même ſi ſouvent trompeuſe, même quelquefois contradictoire, & M. MESMER ayant caché les moyens de répéter ſes effets, on pouvait facilement les attribuer à toute autre cauſe qu'à ſon fluide. En attendant ſa découverte flotta entre la confiance & la calomnie; ballottée ſans ceſſe, par une variation de ſuccès inconſtans, qui devaient l'élever au comble de la gloire, ou la noyer peut-être dans le néant des futilités humaines, imaginées pour captiver la crédulité du peuple.

C'eſt à cet état chancellant que ſa réputation fut expoſée pendant l'eſpace de pluſieurs années, juſqu'à ce que M. MESMER ſe propoſa enfin de former des Eleves. Ici l'attention ſe réveilla de nouveau, & ſa hardieſſe de ſe faire juger par les perſonnes les plus diſtinguées de la nation, ſoit par leur naiſſance, ſoit par leur rang, tourna tous les yeux ſur cette entrepriſe & diminua le ſoupçon de charlatanerie qu'on y avait attaché.

Les ſuffrages multipliés de ces perſonnes

parvinrent enfin aux oreilles du Roi, qui nomma auſſitôt des Commiſſaires chargés d'en rendre à Sa Majeſté un compte fidèle & impartial: mais ceux-ci au lieu de s'adreſſer à l'inventeur de cette méthode, et au ſeul qui fut alors dépoſitaire des véritables principes, s'adreſſerent à un diſciple déſavoué, en ſe propoſant néanmoins de porter un jugement déciſif, d'après les renſeignements imparſaits que celui-ci pouvait leur en donner.

Il en réſulta, que Mr. D*** en leur confiant ſes procédés, n'a pu leur expliquer la cauſe de ſes effets d'une maniere aſſez évidente, pour qu'ils n'y aient reconnu que le fluide annoncé. Ce même fluide ne pouvant en outre être rendu palpable, & les Savans ne voulant prononcer que d'après des argumens déciſifs, finirent par douter de ſon exiſtence & en attribuerent les effets à différentes autres cauſes, telles qu'à l'imagination, à l'attouchement & à l'imitation.

Quoique celles-ci euſſent encore bien moins expliqué les effets magnétiques que le fluide ſuppoſé, on peut convenir cependant, que leurs doutes étaient au moins légitimes ; car il eſt difficile à des Savans accoûtumés à démontrer tout par calcul, de ſe rendre à des nouveautés, même les mieux accréditées ſans une ſuite claire de principes avoués & de corollaires bien conſéquens. Il était difficile, dis-je, à des Savans inſtruits par une longue expérience avec quelle facilité l'eſprit humain peut s'égarer, d'attribuer des effets auſſi extraordinaires à un fluide, auquel perſonne n'avait encore reconnu des propriétés auſſi frappantes ; mais ils en auraient jugé bien différemment, ſi M. D*** leur avait prouvé, que ce fluide eſt ſubordonné aux mêmes loix phyſiques, auxquelles ſont aſſujettis tous les autres fluides connus ; & s'il leur avait démontré ſous quelles formes il ſe préſente à nous dans nos obſervations journalieres; quelles modifications il éprouve en traverſant les différentes ſubſtances des trois regnes, & de combien de phénomenes il devient le principal agent; comment dans la Phyſique, dans la Chymie & dans la Médecine il joue un des principaux rôles; & de quelle maniere il entretient les fonctions de notre économie animale: ces Meſſieurs dis-je, n'auraient pas manqué de reconnaître dèslors, que les effets magnétiques n'ont rien de surprenant ni de contraire à leurs principes, si on leur en avait fait entrevoir le mécanisme & les premiers ressorts auxquels ils sont dûs.

Il est temps de lever le voile obscur, qui donna jusqu'ici l'air miraculeux à ces différens effets magnétiques; nous ne vivons plus dans ces temps ténébreux, où tout était sortilège; un concours égal de travaux de toutes les nations de l'Europe, pour répandre une lumiere égale sur l'horizon des connaissances humaines, a dissipé la plûpart des nuages, qui nous avaient caché si longtemps la vérité; les expériences en tous genres, les observations multipliées et les travaux de tant d'hommes de génie éclaircissent une grande partie des nouveaux phénomenes que nous présente la Nature, et la cause des effets extraordinaires que l'on obtient par l'application du Magnétisme animal, ne doit par conséquent plus paraître un énigme pour nous.

Répandue dans toute la Nature, cette cause doit se trouver liée avec quantité d'autres effets ordinaires, que nous sommes à portée d'observer tous les jours, qui étayent les premiers & nous auraient pu conduire il y a longtemps à cette découverte, ſi des hommes de génie ſe fuſſent livrés aux mêmes combinaiſons multipliées, par leſquelles M. MESMER y eſt parvenu.

Ce ſont ces rapports & l'idendité de leur cauſe que je me ſuis propoſé de développer dans ce Cours.

En qualité d'élève immédiat de M. MESMER j'ai taché d'approfondir ſon ſyſtême avec toute l'attention dont je fus capable, pour me former une idée préciſe de ſes principes; j'y ai reconnu quantité de choſes ſublimes qui ont échappé aux yeux des obſervateurs les plus ſcrupuleux & qui ſont dignes de ſon génie ſupérieur; mais auſſi y ai-je rencontré quelques lacunes. Je ſerai toujours l'admirateur des premieres, & ferai tous les efforts que mes faibles lumieres me permettront, pour rectifier les erreurs légeres dans lesquelles il peut avoir été induit, & pour expoſer d'une maniere conforme aux principes de Phyſique, l'analogie des effets magnétiques avec quantité d'autres effets de la Nature, que l'on explique dans nos ſyſtêmes reçus & dans les ſciences appellées naturelles.

Effectivement la Nature étant partout la même ; également ſimple dans les reſſorts qui meuvent le grand ſyſtême du monde et qui le ſoutiennent dans ſa belle harmonie, ainſi que dans ceux qui conſervent l'ordre des fonctions animales du moindre des inſectes ; toujours ſublime dans cette variété immenſe de productions, formée d'après une unité de principes : cette Nature, dis-je, ne ſaurait être en contradiction avec elle-même, et quelques puiſſent être les nouveaux phénomenes que nous pourrons y remarquer dans la ſuite du temps, ils ne pourront jamais, lorsqu'ils ſeront approfondis, être oppoſés à ceux que nous y avons déja obſervés depuis tant de ſiecles. Toutes les découvertes conſéquemment que le hazard où le génie produiront à l'avenir, ne pourront que s'adapter parfaitement à nos connaiſſances actuelles & aux principes généraux, prouvés par une infinité de faits dans la plûpart de nos ſciences.

Ainſi la véritable théorie du Magnétiſme animal, développée d'une maniere ſatisfaiſante, ne doit plus paraître qu'une branche nouvellement reconnue du ſyſtême du monde, demême que chaque effet particulier tient aux grands reſſorts de l'Univers, & l'on pourra conſéquemment avancer avec raiſon : que ſi cette découverte a tant choqué les eſprits & paru oppoſée à nos ſyſtêmes reçus, on n'avait pas enviſagé le fil par lequel elle y eſt liée, ni l'étendue des forces naturelles, et leurs rapports éloignés, ni le pouvoir du même agent connu déja antérieurement, quoique caché ſous d'autres formes. Car tous ces moyens réunis nous auraient aſſuré il y a longtemps l'exiſtence de ce principe; nous auraient convaincu de la vérité de ſes propriétés annoncées, & nous auraient fait ſentir, que la théorie de nos ſciences naturelles, loin d'être contrariée, reçoit plutôt un nouveau luſtre & nous devient plus intéreſſante par les phénomenes nouveaux & frappants que nous a fait connaître l'application du MAGNÉTISME ANIMAL.

DIVISION DE CE COURS.

Ce Cours ſera diviſé en trois Parties.

Dans la premiere on expliquera les effets qui ont rapport aux principes généraux également expliqués dans la Phyſique

& dans la Médecine, tel que ce Profpectus l'annonce.

La feconde fera la partie *chymique* du Magnétifme. On y traitera de principes, dont Mr. MESMER n'a jamais parlé, p. e. de la nature chymique du fluide, des rapports et de fes analogies chymiques avec d'autres corps; des phénomenes, fur lefquels la connaiffance de cette même nature répand une grande lumiere; de fon origine chymique dans notre corps; du dévelop-pement, des degrés de force dont il eft fusceptible dans les différentes conftitutions; des fubftances qui peuvent l'affaiblir ou l'exalter; des procédés chymiques, au moyen desquels on peut fe renforcer &c.

Dans la troifième partie non moins intéreffante que les deux premieres, & que l'on pourra nommer la partie *Métaphyfique* du Magnétifme, on fera occupé de ce qui eft rélatif aux facultés prefque phyfiques de notre ame, au rapport & à l'influence que le principe magnétique paraît avoir fur cet être fpirituel, & de la raifon pour laquelle il paraît augmenter fes refforts; on y expliquera le mécanifme par lequel les fomnambules indiquent fi fouvent vrai & fi fouvent faux, dans les différentes maladies fur lesquelles on les queftionne, & ce qui a de la rélation avec la Métaphyfique dans ce genre de crifes. On fera également mention des différentes fympathies & antipathies individuelles, du *tact magnétique* &c.

Les deux dernieres Parties qui paraiffent mériter le titre de Science fupérieure du Magnétifme, feront démontrées dans un Cours particulier & on préfentera aux perfonnes qui auront fuivi le premier cours une lifte plus détaillée des différens articles que l'on y traitera (1).

(1) Ceux qui fe feront donné la peine d'examiner avec attention le tableau que je vais préfenter, & defquels on peut fuppofer une parfaite connaiffance du fyftême de M. MESMER, remarqueront aifément, que la plûpart des articles démontrés dans la premiere Partie, deméme que les principes des deux dernieres, font le fruit de mes propres recherches, & d'un fyftême fur les premieres caufes des effets naturels, formé deja antérieurement à la communication de la doctrine du Magnétifme animal, laquelle m'a feulement fait connaître un nouvel ordre de faits, que je n'aurais fans doute pas connu fans les expériences de M. MESMER, mais que je pouvais parfaitement expliquer par ma théorie alors formée & qui m'en garantiffaient la folidité.

Les perfonnes qui voudront fuivre les différentes parties de ce Cours, font priées de s'infcrire chez l'Auteur. Chacune aura la liberté d'admettre à un traitement deftiné principalement à l'inftruction, autant de malades qu'elle y pourra foigner.

Table générale des Chapitres de la premiere Partie.

CHAP. I. De l'hiftoire de la découverte du Magnétisme animal & des révolutions qu'il a éprouvé.

II. Du fluide univerfel.

III. Des principes de M. MESMER fur le fyftême du monde & des êtres organifés.

IV. Rectification de quelques erreurs qui fe trouvent dans ce fyftême.

V Des Courants magnétiques.

VI. Du Magnétisme en général & particuliérement du minéral.

VII. De l'analogie qui exifte entre le Magnétifme minéral, végétal & animal.

VIII. De l'effet phyfique & médical que le fluide magnétique animal produit, & de la maniere dont il agit fur le corps humain.

IX. De l'énumération des différens moyens phyfiques, à l'aide defquels on peut augmenter la vertu magnétique animale.

X. De l'application du Magnétifme animal aux différentes maladies.

XI. Comment il faut combiner la Médecine ordinaire avec le traitement magnétique.

XII. Du Sonnambulisme magnétique envifagé d'un point de vue phyfique.

CHAP. I.

De l'hiſtoire de la découverte du Magnétisme animal & des révolutions qu'il a éprouvé.

ART. 1. Les premiers principes qui ont fait entrevoir à M. MESMER la poſſibilité d'une découverte de ce genre.

2. Quelles ſont les expériences & les obſervations qui l'ont engagé à ſuivre ſes premiers apperçus.

3. La ſuite de ſes raiſonnements & la marche de ſon eſprit pour étendre ſes vues, & s'aſſurer de la vérité de ſes ſuppoſitions.

4. Les premieres guériſons qui la lui ont conſtaté.

5. Le ſort que cette découverte a éprouvé à Vienne.

6. La maniere dont M. MESMER à été reçu à Paris.

7. La chaine des révolutions auxquels il a été expoſé juſqu'au moment où il a commencé à former des Eleves.

8. Quelles ſont les perſonnes nobles & généreuſes, qui en aſſurant un ſort à M. MESMER, ont procuré à l'humanité la communication de cette découverte, & ont fondé la ſociété de l'harmonie de France.

9. Quelles ſont les perſonnes diſtinguées & les Médecins ſoit à Paris, ſoit dans les différentes capi-

tales des provinces, qui en ont senti les premiers le mérite & l'utilité, & ont fait les sacrifices nécessaires pour l'employer au bienêtre de leurs concitoyens.

10. Les ouvrages intéressans auxquels le rapport des Commissaires a donné lieu.

11. La réputation que le Magnétisme a acquis depuis.

CHAP II.

Du Fluide universel.

1. Pourquoi on l'appelle à juste titre fluide.

2. Si ce fluide est un principe élémentaire.

3. Quelles sont les qualités caractéristiques, qui le distinguent des autres fluides élémentaires.

4. Les différentes modifications & formes sous lesquelles il se présente à nos yeux dans les différens phénomenes naturels.

5. Comment le fluide élémentaire devient fluide magnétique.

6. Ses différentes analogies avec d'autres principes.

7. Ce fluide ainsi que l'air paraissent être les véhicules, par lesquels aucun mouvement n'est indifférent dans la Nature.

CHAP. III.

Principes de M. MESMER *sur le systême du monde & les êtres organisés.*

CHAP. IV.

Rectification de quelques erreurs qui se trouvent dans ce systême.

Le génie de M. MESMER lui faisait mieux sentir la vérité, que le temps & les soins continuels qu'il donnait à ses malades, ne lui permettaient de la développer.

Car on ne saurait admettre que :

1. La matière élémentaire soit une.

2. La maniere dont il suppose que les corps naturels ont été formés, soit vraie.

3. Tous les mouvements de la Nature soient l'effet d'un premier mouvement elliptique.

4. Le fluide universel soit la principale cause de l'attraction.

5. Celle-ci soit l'effet de l'entraînement des courans généraux. —

6. Ce qui a égaré M. MESMER dans son systême sur l'influence du fluide universel.

7. La raison qu'il donne du mouvement elliptique des courans entrans & sortans, n'est pas tout-à fait satisfaisante.

8. Preuves que le mouvement n'est pas l'essence des propriétés de la matière.

9. Le mouvement ne doit être considéré que comme cause secondaire du Magnétisme.

10. Il est essentiel de faire attention aux différentes nuances des courans.

11. Lacunes dans le systême de M. MESMER & effets dont il ne saurait nullement rendre compte.

CHAP.

CHAP. V.

Des Courans magnétiques.

1. Ce qu'on peut appeller *Courans magnétiques.*
2. Quelles ſont les principales directions du fluide univerſel qui le rendent magnétique.
3. Principes phyſiques, d'après leſquels ils entrent & ſortent dans les différens corps.
4. Ce qui arrive aux courans en traverſant le corps humain.
5. S'il y a deux courans oppoſés & s'ils ſont de nature différente.
6. Divers éclairciſſements ſur le paſſage des courans du fluide univerſel.
7. Le mouvement des courans n'eſt pas tout-à-fait mécanique, mais il ſuit d'autres loix.
8. Pourquoi les courans magnétiques circulent perpétuellement.
9. Obſervations qui prouvent l'influence des aſtres & principalement celle de la lune.
10. Raiſon de l'influence des aſtres ſur nous.
11. Dans l'application du Magnétiſme on peut adopter des courans actifs & des courans paſſifs.
12. Ce qu'on peut appeller ton & mouvement tonique, dans la doctrine du Magnétiſme animal.
13. Comment on peut expliquer les effets magnétiques, ſans admettre le déplacement d'aucun principe.
14. Toute la Nature eſt dans une intenſion & rémiſſion de forces agiſſantes & réagiſſantes qui

ſe contrebalancant ſans ceſſe, & la ſoutiennent dans ſon mouvement perpétuel. Les loix des courans magnétiques leur ſont ſubordonnées & on ne peut les négliger dans la Pratique du Magnétiſme animal.

CHAP. VI.

Du Magnétisme en général & particulièrement du minéral.

1. Quelques éclairciſſements ſur la théorie du Magnétiſme minéral.
2. Différence du fer à l'acier rélativement au Magnétiſme minéral.
3. Raiſon que M. MESMER donne du changement de l'acier en aimant.
4. Pourquoi parmi les métaux le fer eſt préférablement diſpoſé à s'impregner du fluide magnétique.
5. Raiſon pour laquelle le fluide magnétique prend une direction droite dans le fer plûtot que dans les autres métaux.
6. Quelques obſervations ſur la manière dont le fer devient magnétique.
7. Ce qui s'opère dans l'intérieur de tous les corps, lorsqu'on les impregne du fluide magnétique.
8. Différentes circonſtances par lesquelles l'acier peut devenir magnétique ſans être touché par aucun aimant.

9. Caufe des pôles de l'aimant.
10. Pourquoi la force magnétique eft nulle dans l'équateur.
11. Ce qui détermine les courans fortans de rentrer par le pôle oppofé.
12. Le fluide magnétique en fe difperfant en deux courans différens forme deux pôles oppofés.
13. Application de cet effet au corps humain.
14. Raifon qui rend probable, que les pôles deviennent pofitifs & négatifs.
15. Pourquoi les pôles directs fe repouffent dans l'aimant.
16. Remarques fur l'établiffement des pôles dans le Magnétisme animal.
17. Ce qu'on peut regarder comme la caufe de la différence des pôles.

CHAP. VII.

Analogie du Magnétisme minéral avec le Magnétisme végétal & animal.

1. Ce qu'on peut appeller pôle dans un fens très-étendu.
2. Ce qu'on peut nommer conféquemment pôle dans le Magnétisme végétal & animal.
3. Obfervation prife du Magnétisme minéral fur la manière de détruire les pôles.
4. Manière de magnétifer les fleurs & les arbres.

5. Quels ſont les arbres qui ſont les plus propres à ſe charger de fluide magnétique.

6. Ce qui arrive aux végétaux lorsqu'on les magnétiſe & pourquoi ils acquièrent par là une vertu particulière.

7. Obſervations ſur des arbres & plantes magnétiſées.

8. Pourquoi le corps humain eſt très-ſusceptible de recevoir l'influence magnétique.

9. Preuve que les courans magnétiques nous traverſent perpendiculairement.

10. Obſervations ſur le magnétisme qui regne entre les différens animaux.

11. Ce ne ſont pas les émanations connues ſous le nom de transpiration, qui conſtituent le fluide magnétique animal.

12. Remarques ſur la ſenſibilité des malades aux pôles.

13. Pourquoi le fluide magnétique agit avec tant de force ſur les nerfs.

14. Analogie du Magnétisme animal avec le Magnétiſme minéral rélativement aux effets médicaux.

Chap. VIII.

Effet phyſique & médical du fluide magnétique ſur le corps humain.

1. Principe qui démontre que le Magnétiſme doit

être utile indépendemment de toute théorie fondée fur l'action du fluide univerfel.

2. Quel eft l'effet immédiat de l'application du Magnétifme, dont on peut dériver tous les autres, même les plus oppofés.

3. Comment & pourquoi le Magnétisme agit fur tous les individus, quand même ils n'en éprouvent aucune fenfation.

4. Ce qui foutient toujours notre fluide magnétique dans fon activité.

CHAP. IX.

Moyens de renforcer la vertu magnétique.

1. Théorie générale pour augmenter la vertu magnétique.

2. Induction pour la renforcer en foi-même.

3. Moyens phyfiques particuliers pour l'augmenter.

4. Manière de fe renforcer en dormant.

5. Quelles font les circonftances favorables à la vertu magnétique, & quelles font celles, qui la modifient ou lui font contraires.

6. Effet de l'exercice fur les perfonnes magnétifantes.

7. Différentes caufes phyfiques de cet effet.

8. Comment on peut y fuppléer.

9. Moyen d'augmenter fon rapport avec la perfonne malade.

10. Moyen d'augmenter l'intenſité de ſa force pendant qu'on magnétiſe quelqu'un.

11. De quelle manière on peut recevoir une influence ſalutaire de l'athmoſphère.

12. Comment on peut ſe magnétiſer à la promenade.

13. Ce que l'on doit penſer de l'influence magnétique du ſoleil.

14. Si la volonté & l'intenſion peuvent augmenter les effets du Magnétiſme.

15. Si le ſon, le vent & le *ſouffle* y peuvent contribuer.

16. Différens moyens d'accumuler le fluide dans le ſujet magnétiſé.

17. Triple moyen d'augmenter chez lui les effets magnétiques.

18. Comment on peut diſpoſer les corps à recevoir plus efficacement ce fluide.

19. Moyen d'augmenter l'action magnétique de l'index.

20. Différentes méthodes d'augmenter l'action magnétique des conducteurs.

21. Nouvelle manière de perfectionner les conducteurs de fer.

22. Méthode de M. MESMER d'arranger un baquet magnétique.

23. Procédé pour augmenter l'intenſité du Magnétiſme au baquet.

24. Des boëtes magnétiques.

25. Comment il faut magnétiser l'eau, les bains & toute autre substance.

26. Effet qui résulte de ces procédés & cause de cet effet.

27. Effet médical des bains magnétiques.

28. Enumération de quelques autres moyens physiques propres à renforcer la vertu magnétique.

Chap. X.

Application du Magnétisme aux différentes maladies & procédés nécessaires pour cet effet.

1. Vues générales sur l'effet du Magnétisme animal dans le corps humain.

2. Si les effets magnétiqnes dépendent de l'influence de l'ame, comme plusieurs Magnétiseurs le prétendent.

3. Avantages que l'on peut retirer d'une théorie solide dans la pratique du Magnétisme.

4. Qualités essentielles pour magnétiser avec succès,

5. Quelles sont les constitutions les plus propres à la vertu magnétique.

6. Exposition des procédés généraux.

7. Par où il faut commencer pour magnétiser quelqu'un.

8. Explication de ce qu'on appelle *harmonie* dans la théorie du Magnétiſme.

9. Principe ſur lequel roule tout le traitement magnétique.

10. Quelles ſont les principales directions à ſuivre en magnétiſant.

11. Raiſons de ce précepte.

12. Ce qui arrive au fluide univerſel en magnétiſant.

13. Cauſe d'où dépend que les uns ſont plus ſuſceptibles que les autres à en éprouver des effets marqués.

14. Pourquoi le fluide magnétique augmente l'irritabilité des parties.

15. Ce fluide eſt en rapport particulier avec les différentes cauſes des maladies ; & c'eſt ſur ces rapports que l'on peut établir une théorie utile dans l'application du Magnétisme.

16. Quelles ſont les parties du corps qui attirent principalement le fluide.

17. Si on doit magnétiſer en ſe plaçant derriere les malades.

18. Si la diſtance des lieux augmente ou diminue l'intenſité du Magnétiſme.

19. La différence qu'il y a dans l'application du Magnétiſme pour le rendre ſalutaire ou nuiſible.

20. Circonſtances où il peut cauſer de mauvais effets.

21. Maniere dont il faut juger les dérangements de notre économie animale rélativement au Magnétisme.

22. Quelles sont les constitutions qui reçoivent le plutôt des effets salutaires du Magnétisme.

23. Différens procédés de différens Magnétiseurs célèbres.

24. Procédé pour agir plus efficacement sur les parties malades.

25. Remarques pratiques sur l'emploi des différens doigts dans le traitement magnétique.

26. Ce qu'il y a à faire, lorsque par hazard on est empêché de toucher avec la main opposée.

27. L'usage des cheveux dans le Magnétisme & comment on peut s'en servir.

28. Ce que produit le tabac, le caffé & les liqueurs spiritueuses rélativement au Magnétisme animal.

29. Différence qu'il y a à magnétiser avec la main ou moyennant un conducteur, tant rélativement à soi-même, qu'aux personnes que l'on magnétise.

30. Quel est le pouvoir du Magnétisme dans toutes les maladies.

31. Utilité de la chaine au baquet.

32. Effet de la chaine rélativement à la modification du fluide magnétique.

33. Moyen très-simple trouvé par instinct, de se conserver la santé jusqu'à un âge très-avancé.

34. Pourquoi on doit préférer n'être touché que par le même Magnétiseur.

35. Manière dont les matières morbifiques s'engendrent, & principe sur lequel est fondée la vertu prophylactique du Magnétisme.

36. Quelles sont les maladies les plus aisées à combattre par le Magnétisme.

37. Quelles sont les maladies à ménager dans le commencement du traitement.

38. Maladies, dans lesquelles le Magnétisme déploye une vertu supérieure à tous les autres remèdes.

39. Maladies, qui cédent plutôt aux remèdes ordinaires qu'au Magnétisme.

40. Maladies, qui résistent ordinairement au Magnétisme.

41. Comment il faut magnétiser pour expulser la cause morbifique.

42. De quelle manière on peut se magnétiser soi-même sans le moindre mouvement.

43. Principe sur lequel est fondé le pouvoir de déplacer & même d'enlever quelques maux comme d'un coup de main.

44. Rapport, que l'usage de quelques peuples sauvages de se masser a avec le Magnétisme animal.

45. Nouveau principe dont les Magnétiseurs peu-

vent tirer grand avantage en ſe mettant en harmonie avec quelqu'un.

46. Indications magnétiques dans les maladies inflammatoires.

47. Précautions indiſpenſables alors pour ne pas augmenter l'inflammation.

48. Comment on doit magnétiſer les rhumes de cerveau.

49. Ce qui paraît être une des cauſes de la pierre, & pourquoi le Magnétiſme pourra peut-être prévenir leur régénération.

50. Comment le Magnétisme peut être efficace dans la goutte.

51. Senſation que M. MESMER a éprouvé en touchant des goutteux.

52. Procédé pour agir plus directement ſur le cerveau.

53. De quelle manière on doit diriger le fluide dans le traitement des maladies du bas-ventre.

54. Méthode de magnétiſer les grands viſceres.

55. Source des obſtructions & moyen d'y remédier.

56. Règle générale pour magnétiſer les obſtructions avec ſuccès.

57. Mécaniſme par lequel les obſtructions ſont levées.

58. Ce ſont toujours les différentes cauſes, qui

ont produit ces maladies, qui doivent indiquer & (ce que ſi peu de Magnétiſeurs obſervent) faire varier leur traitement. (*a*)

59. Symptômes de la coction magnétique.

60. Cauſe du gonflement qui arrive ſouvent aux parties magnétiſées pendant le traitement.

61. La manière de magnétiſer dans les maladies des yeux.

62. Méthode qu'employait au commencement M. MESMER dans ces maladies.

(*a*) Pluſieurs Magnétiſeurs probablement peu verſés dans la véritable théorie du Magnétisme animal, m'ont vu magnétiſer une fois ici, & parcequ'alors j'avais varié mes procédés ſuivant l'intenſité de la maladie, ſur la quelle j'agiſſais, ils ont répandu dans le Public, que je n'emploiais que des procédés abſolument différens de ceux, qu'on était accoutumé de voir. Mais je ſuis obligé de leur répondre ici : que je n'applique pas le Magnétisme comme les empiriques emploient leurs drogues, c. à. d. toujours de la même maniere, & avec la même force ; mais qu'ayant taché d'approfondir cet art, je me ſuis toujours fait une loi d'en varier l'application ſuivant les beſoins momentanés, les circonſtances individuelles, & les périodes des maladies que je me ſuis propoſé de guérir. J'ajouterai encore : que de tous les procédés que j'ai vu, j'ai choiſi ceux, qui étaient les plus ſimples (*ſimplex veri ſigillum*) ; ceux qui agiſſaient le moins ſur l'imagination ; & que j'en ai inventé d'autres, qui me paraiſſaient le mieux produire dans les nerfs les mouvements néceſſaires pour combattre différentes maladies.

63. Comment il faut magnétiser les sourds & les muets.

64. Utilité qu'on peut retirer du Magnétisme animal dans la petite vérole.

65. Les espèces de maux de dents auxquels le Magnétisme peut convenir.

66. Différence qui regne entre les douleurs symptomatiques & les douleurs critiques.

67. Règle pratique dans les douleurs symptomatiques.

68. Manière de bien traiter les suppressions de femmes provenantes d'un dérangement général dans la circulation.

69. Méthode d'employer le Magnétisme animal avec succès dans les maux d'enfans.

70. Siège des paralysies & des hémiplégies & comment il faut les magnétiser.

71. Observation singulière sur les maladies de la rate & du foie.

72. Pourquoi le Magnétisme est si efficace dans les maladies aigues.

73. Excellent moyen pour rendre l'effet magnétique plus prompt & plus sûr dans les maladies aigues.

74. La partie qu'on doit magnétiser de préférence dans les maladies aigues.

75. Où se déposent pour la plûpart les matieres

morbifiques dans les maladies, & avantages qu'on peut retirer de cette théorie pour chaſſer la matière morbifique par les différentes voies excrétoires.

76. Comment le Magnétisme agit d'une manière phyſique ſur l'imagination.

77. Pourquoi le plus grand nombre des effets magnétiques n'eſt pas produit par l'imagination.

78. Influence des orages ſur les perſonnes magnétiſées.

79. Obſervation ſur la chaleur rélativement aux effets magnétiques.

80. Circonſtances dans lesquelles le Magnétisme produit ordinairement les plus violens effets.

81. Ce qu'on doit entendre par *criſe* magnétique.

82. Différence eſſentielle à établir entre les criſes.

83. Précaution médicale & pratique pour les rendre ſalutaires.

84. Raiſon pour laquelle toute criſe bien ménagée doit avoir ſon utilité.

85. Quelle eſt la modification que les criſes prennent aux traitemens magnétiques.

86. Quels ſont les remèdes, dont on ne doit pas faire uſage pendant tout le temps, que les perſonnes ſont ſujettes à des criſes.

87. Vertu magnétique des perſonnes en criſe.

88. Effets des ſubſtances magnétiſées ſur les perſonnes en criſe.

89. Différens moyens de calmer les criſes.

90. Précautions importantes à prendre vis-à-vis des perſonnes délicates qui pourroient tomber en criſes violentes.

91. Periodes & changements des criſes de la même nature.

92. Circonſtances dans lesquelles les criſes ſurpaſſent de beaucoup la gravité du mal.

93. Ce qui eſt cauſe de cette grande varieté des criſes.

94. Raiſon du bien-être phyſique dont jouiſſent la plûpart des malades après les criſes.

95. Propriétés des êtres antimagnétiques.

96. Cauſe probable de la propriété antimagnétique.

97. Comment ſont à traiter les perſonnes auxquelles on connait une vertu antimagnétique.

98. Le Magnétisme préſente une carriere nouvelle ſur une influence mutuelle des êtres organiſés plus ſubtile qu'on ne l'avoit cru jusqu'ici.

CHAP. XI.

De la néceſſité de combiner la Médecine ordinaire avec le Magnétisme pour avancer les guériſons, & les rendre plus durables.

Manière de s'y prendre :

1. Quels ſont les remèdes qui peuvent le mieux ſeconder les effets du Magnétisme, lorsque le ſujet parait en éprouver peu d'effets.

2. Quelques obſervations ſur l'application du Magnétisme à différentes maladies & principes d'après lesquels on doit aider ſes effets par divers médicamens.

3. Comment le Magnétisme peut à ſon tour ſeconder très-efficacement les effets des médicamens dans le traitement de la Médecine ordinaire.

4. Dans quels périodes des maladies le Magnétiſme eſt le plus utile.

5. Le Magnétisme animal peut être regardé comme le meilleur prophylactique.

9. Ce qui peut le mieux ſeconder ſon action dans les obſtructions.

7. Quels ſont les remèdes qui hâtent ſon effet dans les maladies glaireuſes.

8. Comment les effets que l'on opère par le Magnétisme & ſurtout les criſes convulſives peuvent conduire les Médecins à un diagnoſtic plus ſûr.

.9 Préceptes généraux par lesquels la Medécine ordinaire peut ſeconder l'efficacité du Magnétisme dans toutes les maladies auxquelles il peut convenir.

Chap. XII.

Du Somnambulisme magnétique, enviſagé d'un point de vue phyſique.

1. Différence du ſommeil magnétique au ſommeil ordinaire.

2. Principe général pour appaiſer & pour réveiller, dicté par l'inſtinct.

3. Diſpoſitions

4. Obfervations fur le fomnambulisme.
5. Quelles font les caufes phyfiques qui déterminent les effets finguliers, que l'on remarque à ce genre de crifes.
7. Le mérite que l'on doit attacher à leurs indications.

NOTA.

M. MESMER a fait les premiers fomnambules; car il parle déja d'un fixième fens dans fon *Précis hiftorique des faits rélatifs au Magnétisme animal*, imprimé 1781. p. 25. & dans fes Cahiers il a traité dans un Chapitre particulier de l'inftinct, lequel fans les fomnambules aurait très-peu de rapport au Magnétisme. On cite auffi l'hiftoire de quelques fomnambules dans des OBSERVATIONS *adreffées à Mrs. les Commiffaires* (*a*), d'après des effets vûs chés M. D*** lequel ne connaiffait pas les procédés de Mr. L. M. D. P*** (au zèle & à la bienfaifance duquel je rends ici des hommages publics) mais qui imitait

(*a*) v. *Obfervations* adreffées à Mrs. les Commiffaires chargés par le Roi de l'examen du Magnétisme animal; fur la maniere dont ils y ont procédé, & fur leur rapport. Par un Médecin de Province. 1784. p. 15. "Vous ne parlez „ point Meffieurs, dans votre rapport..... de l'efpèce par- „ ticuliere de crife du jeune homme de douze ans qui vous „ a été mené à Paffy pour l'expérience de l'arbre.... Après „ avoir été touché pendant quelques minutes, fouvent même „ après avoir feulement affifté affez peu de temps au baquet, ſimplement ce qu'il avait vu chez M. MESMER dans le temps qu'il y avait pratiqué le Magnétisme animal : & la preuve la plus convaincante, que ce grand Maître ſavait les apprécier d'après leur juſte valeur, eſt qu'il ne voulait jamais leur donner tant de publicité … Cet homme judicieux connaiſſait

---

„ il avoit quelques convulſions aſſez légères, & qui duraient „ fort peu ; ſitôt qu'elles étaient ceſſées, il entrait dans un „ état aſſez ſemblable à celui où l'on peint les SOMNAM„ BULES. Ses yeux paraiſſaient fixes mais ouverts ; ſes lè„ vres ſerrées s'avançaient de manière qu'il ne pouvait pro„ férer aucune parole. (On ſait que les espèces de ſom„ nambulisme préſentent différens ſymptômes ſuivant les „ cauſes des maladies.) Dans cet état, qui durait plus ou „ moins, ſouvent pluſieurs heures, il aimait à magnétiſer ; „ ſouvent par une ſuite de ce goût, il prenait la place de ceux „ qui magnétiſaient, & on la lui cédait volontiers, parce„ que comme il magnétiſait fort bien & très-efficacement, on „ ſavait que les malades aimaient à être magnétiſés par lui : „ On remarquait qu'il ſavait très-bien *découvrir & déſigner* „ *dans cet état le ſiége du mal ou ſa cauſe*, & l'expérience „ en a été faite un grand nombre de fois. Cet état de ſom„ nambule finiſſait par quelque légère convulſion, après la„ quelle il reprenait ſon état naturel ; & dès ce moment le „ goût de magnétiſer diſparaiſſait entièrement ainſi que le „ talent de diſcerner le ſiège du mal : il devenait ſpectateur „ indifférent de tout ce qui ſe paſſait, & aſſurait *ne ſe reſ*„ *ſouvenir en aucune manière de tout ce qu'il avait fait* „ *dans ſon état de criſe*.

„ Je l'ai vu bien des fois dans cet état, parcequ'il avait fort „ ſouvent de ces criſes ; en voici une circonſtance ſinguliere

dès-lors jusqu'à quel point on devait se fier à leurs conseils; il ne prévoyait pas moins l'enthousiasme auquel leur singularité pouvait donner lieu, & les erreurs dans lesquelles celle-ci pouvoit aisément induire les personnes, desquelles on ne peut pas prétendre la connaissance du jeu intérieur de leurs organes.

„ que je n'ai vu qu'une seule fois. Etant tombé en crise „ après quelques convulsions comme à l'ordinaire, il prit la „ place d'un Médecin qui magnétisait une jeune Dame, la„ quelle était elle-même dans une crise d'assoupissement; in„ terrompu par des convulsions assez violentes, mais de peu „ de durée, il la magnétisa pendant quelque temps, & lors„ que cette Dame tombait en convulsion, il se levoit preste„ ment (dans son état de somnambule) pour empêcher que „ sa tête ne frappat contre le mûr, près duquel se trouvait „ le fauteuil sur lequel elle étoit assise, & dès que la con„ vulsion était cessée, il se remettait sur son siège pour „ continuer de la magnétiser. Sa crise cessa; il quitta aussi„ tôt cette Dame, & un autre prit sa place: environ une „ demi-heure après, ce jeune homme retomba en crise, & „ il fut à un autre malade qui était aussi en crise convul„ sive, & qu'un Médecin magnétisait, il prit la place de „ ce Médecin, après avoir dégagé fort adroitement les jam„ bes de ce malade des barreaux d'une chaise, dont d'au„ tres n'avaient pu la dégager à cause de leur roideur con„ vulsive, & se mit à le magnétiser. Quelque temps après „ ce malade se leve de son fauteuil, prend ce jeune homme, „ le met sur ses genoux & le magnétise à son tour pendant „ sept ou huit minutes. Le jeune homme se remet à sa

En effet n'est-il pas humiliant pour notre siècle de retomber dans les anciens temps d'ignorance & de superstition, & d'ajouter une foi aussi aveugle à *tout* ce que disent ces personnes dans leur état de crise? L'esprit humain ne semble-t-il pas tomber en décadence, lorsqu'on voit des hommes éclairés d'ail-

---

„ place & rémagnétise son malade, qui au bout d'un demi-„ quart d'heure recommence à le magnétiser, comme il „ avait déja fait. Cette alternative eut lieu plusieurs fois. „ Ensuite le jeune homme étant sur les genoux de l'autre, „ ils se mirent à se magnétiser mutuellement en même temps „ ce qui dura fort longtemps. Comme il était tard, & que „ Mr. DESLON n'était pas présent, on crut devoir les sépa-„ rer, & deux domestiques vinrent enlever adroitement de „ dessus les genoux de son Co-Magnétiseur, le jeune homme „ qui entre les bras de ces gens, fit les plus grands efforts „ pour leur échapper & rejoindre celui dont on venait de „ le séparer; malgré sa résistance on le transporte dans une „ autre chambre séparée par une anti-chambre; il continue à „ se débattre encor un certain temps, pour retourner à son „ homme. J'ai observé toutes ces circonstances, parceque de „ temps en temps je passais d'une chambre dans l'autre, pour „ ne rien perdre de ce fait. Enfin, sa crise cessée, on le laissa „ retourner librement dans la premiere salle, où l'autre ma-„ lade, qui depuis sa séparation avait de son côté fait les „ plus grands efforts pour se rejoindre à lui, continuait à se „ débattre de toutes ses forces, entre les bras de cinq ou „ six hommes, qui avaient la plus grande peine à le retenir. „ Le jeune homme rentre, devint comme beaucoup d'autres, „ spectateur tranquille des mouvemens violens que continua „ à se donner cet autre malade pendant bien un quart d'heure

leurs, consulter comme des *oracles* infaillibles des personnes qui parlent en rêve, afin d'apprendre d'elles des vérités, qui sont hors de la portée de leurs sens soit externes, soit internes, & qu'ils croient que le sommeil magnétique leur inspire?

A l'appui de ce que je viens d'avancer, je pourrais alléguer ici une quantité d'exemples connus dans cette ville, où des somnambules très-

---

„ pour le rejoindre, en passant dans l'autre salle, quoiqu'il
„ fut sous ses yeux. Enfin la crise de celui-ci cessa.
„ Le jeune homme m'assura encor cette fois, *qu'il ne se souvenait de quoi que ce soit.* Vous connaissez Messieurs;
„ ces deux personnes, & je suis bien assuré que ni l'une ni
„ l'autre ne vous sont suspectes.„

Voici non pas à la vérité un Discours de somniloques, (nom qui conviendrait bien mieux à une très-grande partie de ces personnes, que celui qu'on leur donne) mais de véritables somnambules, & ce qui plus est, une attraction magnétique bien caractérisée!

Au traitement de Mr. MESMER nous consultions bien des fois nos somnambules sur les remèdes qu'ils croyaient qu'on devait emploier dans différentes incommodités, mais nous étions bien éloignés d'écouter leurs conseils comme des oracles! .... *Il aurait été fort douloureux pour le genre humain, si pour opérer des cures, les Médecins avaient été obligés d'attendre la découverte & les avis des somnambules magnétiques.*

(*b*) I. Les réflexions, qu'un observateur judicieux M. T.

préconifées fe font trompées le plus lourdement dans leurs prédictions, fe font contredites fingulièrement dans leurs confeils, &, ce que la vérité m'arrache à regret, ont même quelquefois ordonné des chofes nuifibles. — Je les paffe exprès fous filence, mon objet n'étant point de rélever des erreurs perfonnelles, ni de celles qui les ont commifes, ni de ceux, qui ont crû devoir y ajouter foi (*errare humanum eft*). Je ne m'occuperai que de ce qui pourra affeoir le Magnétisme animal fur une bafe plus folide, & le rendre par là vraiment utile à l'humanité.

D. M. a fait à ce fujet dans la fuite du traitement magnétique de la Dem. N. p. 193. fq.

FIN.

www.ingramcontent.com/pod-product-compliance
Ingram Content Group UK Ltd.
Pitfield, Milton Keynes, MK11 3LW, UK
UKHW022142190726
13855UKWH00003B/1287

9 782013 049061